炎热的夏天终于过去，秋姑姑像一个彩衣仙子，深情款款地向人们走来。她可真是一个魔术师啊！不信，你瞧！一场秋雨过后，大地、山川开始变得五颜六色——树上的叶子随风飘落，果园里飘来阵阵果香。

诗情画意二十四节气

霜降　山寒天降霜，烟月共苍苍。

寒露　漠漠秋云起，稍稍夜寒生。

秋分　此夜若无月，一年虚过秋。

白露　何处秋风至，萧萧送雁群。

处暑　离离暑云散，袅袅凉风起。

立秋　空山新雨后，天气晚来秋。

立秋

立秋这天，天高气爽，田地里跑来两兄妹。他们在玉米地里捉迷藏，一会儿挥舞柳条呼喊着追赶麦地里起起落落的山雀，一会儿又专注于探寻田鼠洞……你瞧！齐齐和晨晨兄妹俩正满头大汗地沿地垄间跑来……

立秋
Liqiu

立秋是秋季里的第一个节气，时间点在每年公历的8月7—9日，此时太阳到达黄经135度。秋季是天气由热转凉，再由凉转寒的过渡性季节。"秋"字由禾与火字组成，有禾谷成熟之意。可见，作物成熟的季节开始了。

晒秋

立秋时，人们有晒秋的习俗。晒秋，就是将秋日成熟的作物放到房前屋后搭起的晒台上，或窗台、屋顶上，有对秋日的祝福和赞美之意，后逐渐演变为一种传统的民俗现象。

啃秋

在我国南方，立秋这天人们会啃秋。啃秋也就是吃西瓜。人们感到立秋后，西瓜会越来越少，因此，立秋应再吃一次，以示对夏天的惜别。

七夕节

七夕节也叫乞巧节。始于汉朝，源于人们对自然的崇拜。古时候的妇女，会于这一天晚上，在院子里摆上瓜果，向织女星祈祷，渴望获得刺绣与缝纫技巧，后来这一天被赋予牛郎织女的神话传说，成为象征爱情的节日。

❁凉风至❁

立秋时节，暑气渐消，秋风送来丝丝凉意，植物们也像蒲公英一样，借着秋风起时，将种子播撒到远方。

立秋三候

一候：凉风至
二候：白露生
三候：寒蝉鸣

❁白露生❁

秋日清晨，万物笼罩在一片朦胧的雾气里。渐渐地，随着晨光从林间透过来，白雾便于草叶上、瓜果间，形成一颗颗露珠，映着初升的朝阳，像珍珠在闪烁。

❁寒蝉鸣❁

寒蝉，蝉的一种。这时节，寒蝉感阴开始在树上嘶鸣。随着天气开始转凉，它要将有限的生命都放在对时光的歌颂和赞美之中。

兄妹俩疯玩了一整天，傍晚时，他们都有些累了。

沐浴后，躺在床上，妈妈开始为他们睡前读诗。声音轻轻柔柔的，融入窗外的夜色里，孩子们不知什么时候，都已进入了甜美的梦乡……

秋夕

杜牧（唐）

银烛秋光冷画屏，轻罗小扇扑流萤。
天阶夜色凉如水，卧看牵牛织女星。

诗意

　　秋天的晚上，白色蜡烛发出微弱的光亮，使屏风上的图案平添了几分凄清之色。一名孤单的宫女正用小扇扑打着飞来飞去的萤火虫。夜已深，凉意渐生，该回屋去睡了，可是这宫女依旧卧在门前的石阶上，仰头望着天河两旁的牵牛星和织女星。

偶成

朱熹（宋）

少年易老学难成，
一寸光阴不可轻。
未觉池塘春草梦，
阶前梧叶已秋声。

诗意

　　青春的日子很容易便逝去，学问却不易成功，因此每一寸光阴都要好好珍惜，不能轻易荒废。就好像现在的我，还没有从一池春色的美梦中醒来呢，不成想台阶前的梧桐叶却已在秋风中沙沙作响了。

江村即事

司空曙（唐）

钓罢归来不系船，江村月落正堪眠。
纵然一夜风吹去，只在芦花浅水边。

诗意

渔翁傍晚垂钓归来，懒得用缆绳将小船系到岸上，就扔到岸边任其随风飘荡。此时，江畔上残月已然西沉，江村的人们都已进入甜美的梦乡。渔翁大步流星地往回走，心里一个念头飘过：即使夜里起风，小船被风吹走了，大不了也只会停搁在芦花滩畔、浅水岸边罢了。

山居秋暝

王维（唐）

空山新雨后，天气晚来秋。

明月松间照，清泉石上流。

竹喧归浣女，莲动下渔舟。

随意春芳歇，王孙自可留。

诗意

一场秋雨使空旷的群山为之一新，晚来天有些凉意，看来秋天真的是来了。月光如水从松间透过来，泉水缓缓地从山石上流过。竹林里传来一阵阵欢声笑语，想必是浣洗的姑娘们归来了；荷叶突然摆动起来，那一定是顺流而下的渔舟，划破了荷塘的宁静哦！春日的芳菲已逝，但秋日的时光也十分美好，王孙们大可以尽情地留下来享受。

处暑

　　中元节这一天傍晚，妈妈带兄妹俩去放河灯，妈妈说河灯寄托了人们对已故亲人的哀思。兄妹俩恭敬地将河灯放到水面上，目送着河灯渐行渐远。小河里的河灯可真多啊，它们一个一个挨挨挤挤地漂向远方，和远处天边的星星连在了一起，已分不清哪个是天上的星星，哪个是河里的河灯。

处暑
Chushu

每年公历8月22—24日，太阳到达黄经150度，为处暑。处暑时节，白天热、早晚凉，昼夜温差大，降雨量逐渐减少，气温开始下降。处，有躲藏和终止之意，处暑意味着炎热的暑天结束，人们可以外出郊游赏秋了。

秋老虎

处暑时节，"秋老虎"像个顽皮的孩子，时不时地还会跑回来闹个场，把人们热晕后，他又调皮地溜走了。

栽白菜

"处暑栽白菜，有利没有害。"处暑时，正是农民移栽白菜的好时候。一棵棵白菜在地里整齐地排好队，吸饱了水分，苗壮地成长着。

🦅 鹰乃祭鸟 🦅

老鹰是种有趣儿的鸟。到了处暑，它会将捕获的猎物——陈列起来，就好像在祭拜一样，因此，古人称鹰为祭拜之鸟。

🌿 天地始肃 🌿

处暑时节，天地万物开始凋零，肃杀之气渐起。古人常在这个时节处决犯人，称为"秋决"，也是为了顺应这天地之气，告诫人们秋天不可骄傲自满，要谨言慎行，反省收敛。

🌾 禾乃登 🌾

时至处暑，黍、稷、稻、粱类农作物开始成熟，田地里的农作物开始由绿色逐渐转为金黄色。

齐齐和晨晨比赛对诗。

晨晨输了，便嘤嘤地哭起来，直到看见妈妈端出一盘水果来才满意地笑了。

齐齐不屑地看了妹妹一眼，不理她，自顾自地玩去了。

秋词

刘禹锡（唐）

自古逢秋悲寂寥，
我言秋日胜春朝。
晴空一鹤排云上，
便引诗情到碧霄。

诗意

自古以来，文人们每逢秋天必有伤情，而我却觉得秋日之美远胜于春天。你看那晴空里一只仙鹤穿云而过，展翅高飞，也引领我的诗情到了万里之外的碧空。

乐游原

李商隐（唐）

向晚意不适，驱车登古原。
夕阳无限好，只是近黄昏。

诗意

傍晚时分，心里有些郁闷，于是我驾车登上了乐游原，想出去散散心。夕阳满眼，黄昏时的景象无限美好，只可惜已近黄昏。

宿建德江

孟浩然（唐）

移舟泊烟渚，日暮客愁新。
野旷天低树，江清月近人。

诗意

我将小船停靠在烟雾迷蒙的小洲上，日暮时分，一抹忧愁莫名地笼上心头。无边旷野伸向远方，让人觉得远处的树仿佛比天还要高，江水清澈，映得一轮明月仿佛就在自己身边，而今或许只有它才能让我感到如此亲近了。

马

李贺（唐）

大漠沙如雪，燕山月似钩。
何当金络脑，快走踏清秋。

诗意

　　平沙万里，在月光下，如同铺上一层皑皑的霜雪。连绵的燕山山岭上，一弯新月高高地挂在天边。何时才能受到皇帝赏识，为我的马儿佩戴上黄金打造的辔头，使我能在清秋的战场上驰骋，立下赫赫战功呢？

白露

奶奶家的枣红了。一颗颗红枣像飘香的红玛瑙，看着就让人眼馋。摘一个，咬一口，脆脆的，甜甜的，真好吃！淘气的齐齐爬到了树干上，边吃边得意地看向妹妹。

晨晨不乐意了，爷爷便将孙女儿扛上肩头，一伸手就能够到树梢上红红的枣子，晨晨可高兴了！摘一颗递给爷爷，问："爷爷，甜吗？""甜！"爷爷一脸幸福地说。

白露
Bailu

❀ 白露米酒 ❀

白露时，我国南方有酿酒的习俗。这个时节酿出的酒温中含热，略带甜味，人们称之为"白露米酒"，多用来招待客人。

每年公历的9月7—9日，太阳到达黄经165度，为白露。白露是秋季里的第三个节气。时至白露，天高云淡，风和日丽，是一年中最舒服的时候。田地里、果园里，瓜果飘香，华北等地的冬小麦也快要播种了。

❀ 开学了 ❀

每年公历9月份是全国中小学生开学的日子。孩子们经过一个暑假的分别，重又聚到一起，有些兴奋，他们彼此分享着有趣的假期经历，十分开心！

鸿雁来

这时节，北方的孩子们趴到窗台上，或许就能看见南飞的大雁。天空中传来阵阵雁鸣……

玄鸟归

小燕子见大雁飞走了，也有些耐不住性子，纷纷结队往南方飞去，以躲避即将来临的冬寒。

群鸟养羞

留在北方的鸟儿，如喜鹊、麻雀、啄木鸟等，开始储存食物过冬。同时，许多鸟为了迎接冬天的到来，开始换上丰满的羽毛。

"齐齐、晨晨，和妈妈去打桂花好不好？妈妈给你们做桂花糕吃！"兄妹俩齐声欢呼。桂花树下，雨点似的桂花纷纷落在他们早就铺好的垫子上，不多时，金灿灿的桂花便拾满了篮子。等了好久，伴随着绵绵的桂花香，桂花糕终于出锅了！轻轻咬上一口，真是甜而不腻，清香可口啊！

秋风引

刘禹锡（唐）

何处秋风至？萧萧送雁群。
朝来入庭树，孤客最先闻。

诗意

秋风是从什么地方吹到这里来的呢？
这萧萧秋风涌起，送走了南飞的雁群。一
大早又潜入庭院，吹动了我庭前的树木，
想必最先感受到秋风的当属我这孤身漂泊
的旅人了吧！

夜书所见

叶绍翁（宋）

萧萧梧叶送寒声，江上秋风动客情。
知有儿童挑促织，夜深篱落一灯明。

诗意

秋风萧瑟，梧桐叶纷纷落下，送来了些许寒意，这江上秋风阵阵，牵动着旅人的乡愁。夜已经深了，篱笆旁仍有一盏灯亮着，原来几个小孩这么晚了仍不肯去睡，正在兴致勃勃地斗蟋蟀呢！

江上渔者

范仲淹（宋）

江上往来人，但爱鲈鱼美。

君看一叶舟，出没风波里。

诗意

江岸上来来往往的人们，只知道喜爱这鲈鱼的鲜美，却不曾看到那一叶小小渔船，在风浪里时隐时现，打鱼的过程，多么艰辛啊！

夜雨寄北

李商隐（唐）

君问归期未有期，巴山夜雨涨秋池。
何当共剪西窗烛，却话巴山夜雨时。

诗意

你问我什么时候回家，我也没有个准确的日子啊。此时此刻，我能告诉你的就只有眼前的情景了。巴山连夜秋雨绵绵，池水已经涨满了。什么时候才能和你一起，在西窗下共剪烛花，以诉今晚这巴山夜雨时，我对你的思念之情啊！

秋分

秋分时节，该收玉米了。一穗穗金黄的玉米沉实地静默在玉米秆上，玉米须谦卑地低下了头。晨晨跷起脚用尽全力掰下来一穗，抱在怀里，忙不迭地给妈妈送过去。

秋分
Qiufen

每年公历9月22—23日，太阳到达黄经180度，为秋分。秋分这天，白天与黑夜再一次等长。秋分也是秋收、秋耕、秋种的"三秋"大忙时节。"一场秋雨一场寒"。秋分后，北半球日短夜长，气温继续下降，时序逐渐步入深秋。

⚘瓜果飘香⚘

这时节，瓜果开始飘出诱人的芳香。农民伯伯起早贪黑地忙着采摘，城里人也禁不住果香的诱惑，利用节假日纷纷来到果园体验采摘的乐趣。

⚘祭月⚘

古代秋分这天有"祭月"的习俗。当月亮升起时，人们会在庭院设案祭拜月亮，供品以月饼、瓜果、柚子之类圆形食品为主，人们以此来表达对团圆的希冀。

❁ 雷始收声 ❁

古人认为雷是因为阳气盛而发声，秋分后，天地间的阴气逐渐旺盛，所以雷公不会再出来了。

❁ 蛰（zhé）虫坏户 ❁

随着寒气袭来，冬眠的昆虫们最先感受到了秋凉，开始封塞巢穴，不紧不慢地将自己裹在里面，提前告别秋季，准备冬眠了。

❁ 水始涸(hé) ❁

秋分时节，降水减少，北方河川里的水流量也开始变小了。

中秋节傍晚，明月当空。齐齐一家围坐在院子里赏月、吃月饼。妈妈做的五仁月饼可好吃啦！咬一口，绵软带酥，满口生香。不知是谁提议，孩子们开始背诗，"海上生明月，天涯共此时"，"空山新雨后，天气晚来秋。明月松间照，清泉石上流"……转眼间大半年过去，兄妹俩掌握的诗词还真不少呢！

中秋

司空图（唐）

闲吟秋景外，万事觉悠悠。
此夜若无月，一年虚过秋。

诗意

　　我悠闲地漫步在秋天的月色下，吟诵着隽永的诗篇，欣赏着周边的美景，没有俗事烦扰，此时此刻，感觉万事万物悠然自得。中秋的夜晚若没有这明月，就好像一年中的秋天都虚度了一般，定会十分遗憾。

望月怀远

张九龄（唐）

海上生明月，天涯共此时。

情人怨遥夜，竟夕起相思。

灭烛怜光满，披衣觉露滋。

不堪盈手赠，还寝梦佳期。

诗意

海面上升起一轮明月，此时此刻，你我远隔天涯，共相遥望。有情人多么怨恨这漫漫长夜啊，思念折磨得我无法入眠。起身吹灭蜡烛，不成想却映出这满屋月光；夜露侵体，索性披衣而起。这如水的月色好美啊，我却无法将它捧起送给远方的你，还是去睡吧，或许还能在梦中与你相见。

暮江吟

白居易（唐）

一道残阳铺水中，半江瑟瑟半江红。
可怜九月初三夜，露似真珠月似弓。

诗意

夕阳残落，铺展在水面上，将江水映照得一半呈现出深碧色，一半呈现出红色。更是怜爱这九月初三的夜晚，滴滴凉露仿佛遗落于草叶间的珍珠，明月也仿佛一道弯弓挂在高空中。

题李凝幽居

贾岛（唐）

闲居少邻并，草径入荒园。

鸟宿池边树，僧敲月下门。

过桥分野色，移石动云根。

暂去还来此，幽期不负言。

诗意

闲居在这里，很少有邻居前来打扰，杂草丛生的小路，通向荒芜不治的小园。鸟儿栖息在池边的树上，归来的僧人轻扣月下的山门。走过小桥，便可见原野上迷人的景色，云儿在飘，山石也仿佛跟着一起移动一般。我只是暂时离开，很快就会按约定归来，和我的朋友一起在这里过隐居生活。

寒露

　　葡萄熟了。雨后的葡萄园真好看：绿的像绿玛瑙，红的像红宝石，紫的像紫水晶，黑的像黑玉……随手摘一颗放进嘴里，一缕清香瞬间于唇齿间弥漫开，凉凉的、甜甜的，滋味美美的！

寒露
Hanlu

每年公历10月8—9日，太阳到达黄经195度，为寒露。寒露时，气温继续下降，就要凝结为霜了。从寒露开始，雨季基本结束，天气昼暖夜凉，北半球远远望去，一派深秋景象。

枫叶红

寒露时节，枫叶红得像火一样，一阵秋风刮过，呼啦啦落了一地。女孩儿们三三两两地来到树下，捡拾最好看的枫叶做书签，她们一枚一枚地对比着，可认真了！

🌿 鸿雁来宾 🌿

宾即指宾客。寒露时节，天气凉了，一些晚归的大雁刚刚回到南方，被那些提早到达的大雁们看见，便视为宾客加以迎接。

🌿 雀入大水为蛤（gé）🌿

蛤是指蛤蜊类的贝壳。深秋天寒，雀鸟不见了，古人却在海边发现了条纹及颜色和雀鸟相似的蛤蜊，于是便认为是雀鸟变成了蛤蜊。

🌿 菊有黄华 🌿

寒露时节，黄色的菊花开始绽放。文人墨客们时常聚在一起，尝蟹赏菊，实为秋季里的一件美事。

重阳节这天，妈妈陪兄妹俩去爬山。据说重阳登高可以祛百病、得吉祥。深秋的山坡上，火红的枫叶有的落到头发上，有的落到肩膀上，兄妹俩连蹦带跳地往山上爬去。"遥知兄弟登高处，遍插茱萸少一人。"妈妈说重阳节还有吃重阳糕、饮菊花酒、佩戴茱萸的习俗呢！

秋夜寄丘员外

韦应物（唐）

怀君属秋夜，散步咏凉天。
山空松子落，幽人应未眠。

诗意

在这深秋的夜晚，我独自散步咏叹这凉爽的天气，就在此时，我想起了你。夜晚的山林好幽静，就连松子掉落的声音都能听到，此时幽居的你想必也尚未入眠吧？

过故人庄

孟浩然（唐）

故人具鸡黍，邀我至田家。

绿树村边合，青山郭外斜。

开轩面场圃，把酒话桑麻。

待到重阳日，还来就菊花。

诗意

老朋友准备了丰盛的饭菜，邀我去他家做客。他住的地方很幽静，绿树围绕着村落，青山横卧在村外。打开窗户，对面就是打谷场和菜园子，我们一边喝酒一边聊起耕作桑麻。临行前，仍感到意犹未尽的我和主人约好，重阳节时，再来这里和他一起赏菊花、共饮菊花酒。

九月九日忆山东兄弟

王维（唐）

独在异乡为异客，每逢佳节倍思亲。
遥知兄弟登高处，遍插茱萸少一人。

诗意

独自居住在异乡已经很久了，每逢过节，我都愈加思念亲人。想着今日重阳，兄弟们一定又都去登高了，人们纷纷佩戴着茱萸，却唯独缺少了我一人。

菊花

元稹（唐）

秋丛绕舍似陶家，遍绕篱边日渐斜。
不是花中偏爱菊，此花开尽更无花。

诗意

簇簇秋菊环绕着房舍，感觉像是诗人陶渊明的家。绕着篱笆欣赏菊花，不知不觉太阳就已偏西。不是百花中偏爱这菊花，只是因为菊花开过后，便再也找不到与之相媲美的花了。

霜降

齐齐和晨晨在学习摘棉花。棉花地里，放眼望去，白茫茫一片，一朵朵棉花就像一个个天真可爱的胖娃娃在枝头翘首以盼。爸爸告诉他们，摘棉花的时候，只需轻轻一抽，雪白的棉花便会迫不及待地整团整团地跳出来了，好有趣啊！

霜降
Shuangjiang

每年公历10月23—24日，为霜降。霜降是秋季里的最后一个节气。霜降时，白天地面散热多，到了夜晚，空气中的水蒸气遇冷凝结，在溪边、桥间、树叶和泥土上形成细微的冰针或六角形的霜花。

出现霜花

这时节，孩子们清晨醒来，睁开眼睛，或许就会惊喜地发现，窗外，整个大地上，就连枝叶草木间都挂满了雪白的霜花，十分好看。

芙蓉花开

霜降时，百花凋谢，唯有芙蓉花在此时悄然地绽放了，因此深受人们喜爱。

⟨豺（chái）乃祭兽⟩

豺是一种外形与狼、狗相近的动物。霜降时节，豺将捕获的猎物一一陈列起来，像是祭拜一番后再食用，因此古人认为"豺乃祭兽"。

⟨草木黄落⟩

深秋后，树叶开始转黄，纷纷脱离枝干，翩翩起舞，投向大地母亲的怀抱。

⟨蛰虫咸俯⟩

下霜了！藏起来准备过冬的小动物们，更是不吃不动，垂下头来，开始进入冬眠状态。

黄昏时分，窗子敞开着，爸爸在窗外劈柴。为了让兄妹俩安静下来，爸爸提议教他们学新诗。"枯藤老树昏鸦"……爸爸说一句，兄妹俩重复一句；"小桥流水人家"……兄妹俩异口同声……

山行

杜牧（唐）

远上寒山石径斜，白云生处有人家。
停车坐爱枫林晚，霜叶红于二月花。

诗意

通往山顶的小路漫长而又陡峻，在白云缭绕的高处，隐约住着人家。我停下车来，只为欣赏这美好的枫林晚景，经霜的枫叶比二月里的鲜花还要红艳。

秋思

张籍（唐）

洛阳城里见秋风，欲作家书意万重。
复恐匆匆说不尽，行人临发又开封。

诗意

一阵秋风刮过，洛阳城里秋意更浓了，想写封信寄给远方的亲人，可提起笔来思绪万千，又不知从何处说起。驿使来了，临行前还是再次将信打开，只想看看匆忙中有没有把想说的话全部都写进信里。

枫桥夜泊

张继（唐）

月落乌啼霜满天，江枫渔火对愁眠。
姑苏城外寒山寺，夜半钟声到客船。

诗意

　　月亮已经落下去了，树上的乌鸦啼叫着，寒气布满天地。夜半时分，苏州城外寒山寺悠扬的钟声，不时地传入我的耳畔，我坐在江岸的枫林边，面对着渔家的灯火，心里轻愁泛起，一时间难以入眠。

天净沙·秋思

马致远（元）

枯藤老树昏鸦，小桥流水人家，
古道西风瘦马。夕阳西下，断肠人在天涯。

诗意

　　黄昏时分，一群乌鸦停落在枯藤缠绕的老树上，小桥下水哗哗地流着，小桥尽头，几户人家的炊烟袅袅升起。古老的村路上，一匹瘦马顶着西风艰难地前行着。夕阳斜向天边，此时此刻，唯有孤独的旅人还在未知的远方漂泊吧！